DEUS,

A ORIGEM DE TUDO

Deus,

A Origem de Tudo

J. Oliveira

Deus, A Origem de Tudo

1ª edição: novembro de 2022

Produção Editorial

Diagramação, formatação, revisão:

Valéria de Sá

Capa:

Sandra C. Pinheiro

ISBN: 978-65-005-6583-6

Editora El Elyon Books

editoraelelyonbooks@gmail.com

55 (21) 9 9843-8855

Agradeço a Deus, o Criador, por tudo que sou, em meu ser físico e espiritual.

Agradeço a Deus pela inspiração concedida para a confecção desta Obra: *Deus, a Origem de Tudo.*

Também agradeço às minhas filhas, à minha esposa Sandra pelos incentivos, mesmo quando, como ser humano, quero fraquejar, mas aí entra o amor e o carinho da família, que é o bem maior, outorgado por Deus.

Introdução

"No princípio criou Deus os céus e a terra." - Gênesis 1.1.
Nos primórdios do tempo, do antes, do eterno, escondido nas eras que antecederam a Criação, Deus proporcionou tudo que existe.

De onde veio à grandiosidade do universo? *Ex nihilo*?[1] Qual é a origem do universo? O que havia antes?
Penso na expansão de todo o conjunto universal mantido pela gravitação, e chego à seguinte conclusão: só uma força muito poderosa, um Ser superior poderia fazer o inimaginável, suficientemente poderoso para criar, manter e vencer a imensa gravidade do universo inteiro, em sua expansão.

---

[1] Em latim *do nada*. Refere-se a Deus criando tudo do nada. www.gotquestions.org

Os enigmas e os fenômenos do início do universo estão envoltos em uma espécie de véu, que dificulta o nosso entendimento. Nossos conhecimentos científicos atuais, ainda não nos permitem desvendar todos esses mistérios.

Há uma suposição nos meios científicos, que no surgimento do universo, foram criadas as partículas fundamentais, **elétrons e nêutrons**, dando origem ao primeiro átomo do universo, **o átomo primordial.**

Logo, em seguida, os átomos de hidrogênio, carbono, nitrogênio, hélio, ozônio, entre outros (não necessariamente nessa ordem).

Talvez aí, esteja a importância do hidrogênio como combustível do sol a bilhões de anos, e também componente da água **(H_2O)** sem a qual a vida em nosso planeta não teria surgido.

Mas como a Ciência ainda não tem como comprovar se realmente foi assim o início do universo, a controvérsia tende a continuar por muito tempo.

Dentre todos os átomos indispensáveis à vida, um se destaca: **o carbono.** Sem ele, a vida orgânica na terra não teria surgido e, muito menos, sua subsistência.

Só o Criador poderia definir:

"O antes" perdido nas eras do tempo, espaço, foge a nossa compreensao o pensamento que sempre existiu um passado eterno.

"**O durante**" em nosso momento atual da existência do universo, vemos, mas não entendemos o que está acontecendo, somos limitados em nossos conhecimentos.

"O **depois**" estamos sendo lançados, catapultados, em todas as direções, em uma corrida vertiginosa, desenfreada, mas para onde? Não sabemos, só sabemos que a direção é incerta e o destino também.

J. Oliveira

Algumas reflexões do autor sobre essa obra:

Segundo Platão: "há no pensamento humano um movimento ascendente, que sempre nos leva a Deus".

Não existe povo algum, nenhuma civilização, que não tenha um ser como Criador de tudo que existe, um ser universal (**teodiceia**). Se for feita uma regressão até os primórdios da imaginação do ser humano, encontrará **Deus**, o autor do antes, o durante e o depois. O autor do antes, das leis imutáveis da natureza, da perfeição, o ser universal que precede o inimaginável. Sem essa visão do "**todo**", **Deus** parece pequeno em sua **magnitude**.

Por anos, VENHO refletindo, analisando pensamentos, coletando dados, seja das palestras ministradas por mim, dos textos escritos ao longo dos anos ou das minhas experiências pessoais, procurando sempre pelas leis perfeitas da natureza.

Deus, a Origem de Tudo, não tem a menor pretensão de exaurir tão vasto e variados assuntos, mas, é, na medida do possível, trazer à luz da Verdade, via reflexão, as coisas da Criação que nos cercam em nosso dia a dia, e não notamos. Muito poderia escrever, sobre o assunto da Criação, mas como é simplesmente impossível, citarei um dos mais fascinantes fenômenos da natureza: **assimilação clorofiliana**, conhecida como **fotossíntese**, que começa quando a energia luminosa que provém do Sol, atinge o reino vegetal, decompõe o gás carbônico (CO_2), o vegetal usa o carbono (C) como seu alimento, dispersando oxigênio (O) para a atmosfera, em uma renovação constante do oxigênio na Terra.

É bom lembrar que esse processo produz todos os alimentos, mas nada disso aconteceria sem a participação da clorofila nas plantas, que é indispensável em todo o processo, e com tudo na natureza está interligado, a clorofila não poderia realizar suas funções, sem o magnésio (Mg) parte integrante da molécula da clorofila.

Portanto, pensem, reflitam e analisem tudo que está em sua volta, vejam o que a natureza faz por nossa existência. E o que a natureza pede em troca? **Só sua proteção**!

Quando olhamos para o céu, imaginamos que **Deus** está muito longe, muito distante. Impressiona-me o universo girando velozmente em todas as direções rumo ao infinito, todo conjunto está harmoniosamente em movimento. Existe algum liame prendendo os corpos celestes? Não! Só uma força que a Ciência não consegue explicar. A atração universal, a força gravitacional.

Quando olho em minha volta, imagino a imensidão do universo, sinto-me insignificante. Mas sou mesmo insignificante? Não! Porque sou parte de tudo o que **Deus** criou, as maravilhas na Terra, a reciclagem universal que mantém a Terra viva, o gás carbônico, o oxigênio, a fotossíntese, a clorofila e tudo mais.

Criou meu ser físico, meu ser etéreo, com a capacidade de pensar, amar, odiar, perdoar, sentir compaixão e outros sentimentos que só o ser humano consegue realizar.

- Deus, a Origem de Tudo -

Mas como vejo **Deus**? Não preciso, basta senti-Lo ao meu lado, porque mesmo sendo impalpável, a Sua presença enche meu mundo com as coisas da Sua criação.
(Observação: texto escrito pelo autor, especialmente, para a obra *Deus, a Origem de Tudo*.)

O que conhecemos como **universo** é o conjunto de todos os corpos celestes existentes no espaço e se encontram agrupados em sistema planetários com nossa via láctea, um sistema como outros bilhões e incontáveis trilhões de astros.

Todo conjunto em expansão rumo ao infinito. Mas o que desencadeou o começo do universo? Que teve um começo, não resta a menor dúvida, haja vista sua expansão constante.

Segundo a Ciência, no instante do surgimento do universo, há mais de quatorze bilhões de anos, e já em seus primeiros segundos, começou sua expansão em todas as direções, mas a teoria do *Big Bang*, não oferece todas as respostas, restando muitas dúvidas para serem esclarecidas.

Mas, haja o que houver, qualquer explicação que se pretenda mostrar como surgiu o universo, ultrapassa nosso conhecimento, nossa capacidade tecnológica de analisar o antes. Hoje, uma corrente científica e estudiosos do assunto, já admitem que o universo só estava confinado em uma pequena dimensão e que tudo que existe é só desenvolvimento e evolução, uma inflação cósmica.

Em 1920, o padre e astrônomo Georges Henri Lemaitre, criou o que chamou de **átomo primordial**, para justificar o surgimento do universo, depois mudado por ele mesmo para *Big Bang* ou grande explosão. Teoria aceita até hoje por todos, inclusive a Ciência.

A Ciência que estuda a origem do universo, assim como sua evolução, é a Cosmologia, sempre ligada à Astronomia, que trata especificamente da estrutura do universo, com suas características científicas próprias. A Ciência é considerada a maior atividade da mente humana, do latim *Scire* **(conhecimento das coisas).** Ligada à necessidade de explicar cientificamente, todas as coisas, não restando a menor dúvida da sua importância tecnológica para a evolução da humanidade. Sem a Ciência, o mundo ainda estaria na idade da Pedra Lascada.

Contudo, a pesquisa científica tem o condão de envolver todos os ângulos do objeto pesquisado, devendo sempre obedecer a critérios técnicos e científicos em sua avaliação, visando comprovar os fatos à luz do conhecimento, mas para que seja aprovado pela Ciência é preciso sua comprovação, e quando a Ciência não consegue comprovar, usa a figura da teoria, como é o caso do surgimento do universo com o *Big Bang*.

Hoje a Ciência já desvendou e está levantando parte do véu que encobre nosso conhecimento do universo, mas nossa percepção ainda é limitada em função da imensurável vastidão do universo em sua expansão.

Como já ficou comprovado, nossos conhecimentos só alcançam uma diminuta parte do universo observável e com a comprovação da vertiginosa expansão do universo em todas as direções, ficará cada vez mais difícil as observações, e por mais que tentemos, não estamos conseguindo decifrar as **enigmas** do espaço sideral.

- Deus, a Origem de Tudo -

Atualmente, temos muitas investigações cosmológicas em curso, e talvez em um futuro não muito distante, possamos sanar parte das dúvidas em relações a nossa existência, e como viemos a existir.

No atual estágio dos nossos conhecimentos científico e tecnológico, já será possível explicar com exatidão a origem do universo? Seus enigmas e particularidades? Não! E com a expansão do universo, ficará cada vez mais difícil.

Dentre os inumeráveis **enigmas** da criação do universo, e de tudo que existe, estão às **quatro forças fundamentais,** que atuam tanto na pequenez dos átomos, como também na vastidão do universo e são responsáveis por todas as mudanças que afetam a matéria, e sem elas e sua regulagem perfeita, os elementos essenciais à vida, não teriam surgido: hidrogênio, carbono, nitrogênio, oxigênio, ferro, hélio, e tantos outros.

Sem esses elementos, planetas como a Terra, não teriam vida como a conhecemos. Quatro forças fundamentais, são elas:

Gravitação (atração universal): mantém todo o universo unido, inclusive em sua expansão, evitando, com isso, que os corpos celestes, em sua translação, fujam pela tangente de suas órbitas, e se tivesse acontecido, o universo não existiria.

Eletromagnetismo: é a força principal de atração entre elétrons e prótons, permitindo a formação das moléculas (ligações químicas-funções), e se não existissem as moléculas, também não existiria as substâncias e a vida.

Força nuclear fraca: responsável pela desintegração dos elementos radioativos, e sua atividade prolongada e constante, mostra a sua importância na atividade do Sol a bilhões de anos.

Força nuclear forte: liga os prótons e os nêutrons entre si no núcleo dos átomos, e sem essa ligação, não teríamos os elementos indispensáveis à vida na Terra, inclusive o oxigênio, água, carbono, entre outros.

Existe uma regulagem perfeita entre as quatro forças fundamentais, que mostra que sem essa perfeição, universo não existiria.

- Deus, a Origem de Tudo -

Com esse estudo superficial das quatro forças fundamentais, foi mostrado mais um **enigma** da criação de **Deus.**

Um dos maiores fenômenos da Criação refere-se em como os átomos se unem para formar as moléculas (ligação química), mas não basta só o número exato, mas é necessário que os átomos que compõem as moléculas estejam, geometricamente, combinados (**geometria**), senão a molécula não estará perfeita, e, consequentemente, não formará a substância desejada.

Assim como juntar letras, aleatoriamente, não formam as palavras que queremos, com os átomos é a mesma coisa, não basta juntá-los, tem que haver simetria.

Há entre cientistas e pesquisadores, uma suspeita (sem comprovação), que antes do *Big Bang,* o que havia era plasma (gás ionizado), que em determinado momento, foi aquecendo, aquecendo tanto que deu a origem aos elétrons e prótons, e em seguida, criado os primeiros átomos do universo.

Também especula-se que os espaços vazios no universo, são preenchidos por plasma, ou matéria escura, que ainda não tem a sua existência comprovada.

Nesse momento, estamos sendo transportados em todas as direções no espaço.

O universo terá fim em sua jornada? Não sabemos.

Só temos uma certeza: que uma força muito poderosa criou tudo isso. **E essa força é Deus!**

Terra nosso lar!

No início, a cerca de quatro bilhões e meio de anos, nosso planeta era uma bola de fogo incandescente girando no espaço. Depois de passar por um longo período de resfriamento, surgiram os gases livres na atmosfera, e, juntamente com a água, permitiu o reino vegetal e a vida como conhecemos.

Mas, um longo caminho foi percorrido para que a vida surgisse: ocorreram diferentes fatores químicos, físicos e biológicos, sem as quais a vida não teria surgido.

Falar da vida na Terra sem citar a importância do carbono (C) para seu surgimento e subsistência, seria faltar um elemento crucial e essencial, pois toda forma de vida que conhecemos, é fundamentada em carbono.

Mas, é na sua fórmula química (CO_2), que o carbono mostra toda a sua importância para a vida orgânica no planeta, **O**

CICLO DO CARBONO, que é vital para todo o processo, porque relaciona-se com várias interações sobre a vida.

Um desses processos é a **ASSIMILAÇÃO CLOROFILIANA,** mais conhecida como **FOTOSSÍNTESE**, que usando a energia luminosa do Sol, e através dos vegetais, retira o **GÁS CARBÔNICO** (CO_2) da atmosfera, pelos cloroplastos, as células vegetais das plantas, que em seu interior existem organelas ricas em CLOROFILA, onde a molécula CO_2 é decomposta, o vegetal usa o carbono (C) como alimento e seu metabolismo e crescimento, depreendendo o oxigênio que fazia parte do CO_2. Com esse fenômeno, há a renovação do ar e a produção de todos os nossos alimentos.

O mesmo processo acontece nos **fitoplânctos fotossintéticos**, que vivem nos recifes de corais nos oceanos, o processo é semelhante.

A luz solar, ao iluminar os oceanos, nos recifes de corais, o CO_2 é retirado da atmosfera, os fitoplânctos, que são vegetais, decompõe o gás carbônico, usam o carbono como alimento, liberando o oxigênio para atmosfera, renovando o ar. Esse processo nos oceanos é responsável por cerca de setenta por cento de todo o oxigênio livre no planeta. Por isso, os oceanos são considerados os pulmões do mundo. Mas com a liberação do oxigênio pela fotossíntese, o **CICLO DO CARBONO** tem que continuar.

O solo é o maior emissor de carbono para a atmosfera (mais do que toda atividade humana), havendo a todo o momento, o intercâmbio entre o carbono e o oxigênio, a molécula **CO_2** deve ser refeita pela natureza para que o ciclo continue.

Então, a natureza faz novamente a ligação química: a junção entre um átomo de carbono e dois de oxigênio, formando novas moléculas de **CO_2** em um processo contínuo, mantendo o ciclo ininterrupto para o bem da vida no planeta. Esse processo ocorre a todo instante ao nosso redor e não notamos.

Sem contar que o gás carbônico é um dos responsáveis pelo **EFEITO ESTUFA,** que mantém a terra aquecida, permitindo a vida orgânica em nosso planeta.

Outro grande **ENIGMA** da criação é o **fogo**, resultado de uma reação química, que na presença de oxigênio, produz combustão, que libera energia, luz e calor.
No início da era da Pedra Lascada, seres primitivos passaram usar o fogo em seus proveitos, usando contra seus predadores, e para transformar alimentos.

Supõe-se que a descoberta e o uso do fogo por seres da época, devem ter começado quando observaram o fogo surgindo em árvores queimadas, em função de relâmpagos, ou em atividades vulcânicas.

Depois, descobriram que flexionando um pedaço de madeira, ou uma pedra na outra, provocava uma faísca, que acenderia o fogo.

Assim, quando conseguiram domesticar o uso do fogo, não sabiam, mais ali estava começando a evolução científica e tecnológica, que nortearia todo o futuro da humanidade, permitindo seu progresso.

- Deus, a Origem de Tudo -

A partir do controle do fogo, a humanidade foi evoluindo, continuamente, permitindo inúmeros benefícios para todos. Claro que seria impossível envolver todos os benefícios que o fogo proporcionaria à humanidade, mas podemos citar alguns:

- fundir metais permitindo suas inúmeras aplicações na produção de bens de consumo;
- aquecimento de caldeiras;
- transformação e preparo dos alimentos;
- sem o fogo, não há progresso.

Mas, talvez, a maior utilidade do fogo na vida moderna, tenha sido a invenção do motor de combustão interna, o motor à explosão, que com a participação do fogo, queima combustíveis, mineral ou vegetal.

Para que a combustão aconteça é necessário que haja oxigênio livre em nossa atmosfera, sem a qual não existiria a combustão, e consequentemente, o fogo.

Apesar de intensa procura, não se encontrou nenhum astro com oxigênio livre na natureza, sem a qual não pode haver combustão, o que transforma a Terra em o único planeta pesquisado até agora, onde o fogo pode surgir, como uma reação química na natureza.

Portanto, quase tudo que usamos em nosso dia a dia, tem como, direta ou indiretamente, a participação do fogo, o que nos torna dependente da sua utilização.

Há uma dúvida se a água surgiu na Terra há cerca de quatro bilhões e meio de anos, ou veio do espaço sideral, trazida por corpos celestes, como meteoros e outros.

Polêmica à parte, a água é um dos bens mais valiosos na natureza, muito importante e indispensável, para a vida na Terra.

As pessoas sempre acreditaram que a água era um recurso natural inesgotável e infinito, mais a realidade tem mostrado que não é bem assim, a poluição e a contaminação tem diminuído a água potável e própria para o consumo, e apesar da sua renovação pelo **Ciclo da Água**, que mantém a mesma quantidade desde seu surgimento, o aumento da população e a necessidade de se produzir mais alimento, mostra-se sempre imperioso protegê-la em condições de uso para a produção.

A água é um composto molecular formada por dois átomos de **hidrogênio (H_2)** e um de **oxigênio (O)** que com sua ligação química **(junção)** forma a molécula com sua simetria própria.

Hoje no mundo, milhões de pessoas sofrem com falta de água de boa qualidade, e aqui no Brasil, não tem sido diferente. Apesar do Brasil ter cerca de **doze por cento** de toda água doce do planeta, milhões de pessoas não têm acesso a água potável, pronta para o consumo, e essa situação só melhora com o saneamento básico de qualidade, que cuide dos resíduos e dos dejetos que são lançados *in natura* no meio ambiente, poluindo e contaminando os recursos hídricos da superfície, bem com os lençóis freáticos (aquíferos), as águas subterrâneas.

A água, além de ser um fenômeno da natureza, e uma dádiva de **DEUS** para nos manter vivos.

- Deus, a Origem de Tudo -

O enigma de como começou a vida na Terra passa por muitas teorias e muitas perguntas, até hoje não respondidas, muitas dúvidas e interrogações.

Um quadro do artista francês **Paul Gauguin**, pintado em 1891, à obra, o pintor deu o nome: *De onde viemos? O que somos? E para onde vamos?* Essas perguntas reflexivas, até hoje a humanidade procura as respostas, e não avançamos em nada em relação a isso, através dos tempos.

Como surgiu a **vida** em nosso planeta? Originou-se aqui ou veio de fora, do espaço sideral? Não sabemos. Só teorias. Só temos a certeza que com o surgimento da Terra, um corpo gasoso, uma bola ou fogo girando no espaço, que foi esfriando, até se solidificasse.

No começo, não existia vida, então como ela começou? Até hoje não sabemos. A vida depende de vários e intricados fenômenos para existir.

Contigo está a fonte da vida:

(Salmo 36)

Para que exista, principalmente, a vida humana, é necessário que existam as moléculas de proteínas de RNA e DNA, sem as quais a vida não teria surgido. Também é bom lembrar que, para que haja perpetuação das espécies, **seres vivos só surgem de outros seres vivos da mesma espécie.**

Dentre as maravilhas criadas por **Deus**, um se destaca por sua perfeição: é **O CORPO HUMANO**, com seus trilhões de células, é uma das estruturas mais complexas que existem. Um organismo que trabalha incessantemente em harmonia com todos seus órgãos e glândulas, que depende de uma espantosa interação entre eles.

Nosso corpo, por sua complexidade, está continuamente em uso, necessita de uma grande variedade de alimentos e sais minerais para seu perfeito funcionamento, e esse processo começa na **DIGESTÃO**, que divide-se em **FÍSICA** e **QUÍMICA.**

Na física, a mastigação e a deglutição estão sob nosso controle. Já a digestão química e autônoma, independe da nossa vontade.

É no intestino, considerado a **USINA DO NOSSO CORPO**, que a digestão química funciona plenamente, pois nela os alimentos e os sais minerais são processados e transformados em energia para o funcionamento do organismo, e é aí que o corpo funciona como um verdadeiro centro de distribuição, as substâncias são enviadas para onde o organismo precisa delas, ou seja, um órgão ou uma glândula.

Metabolismo é o conjunto de transformações, física e química, mediante os quais se opera a assimilação das substâncias transformadas e necessárias ao organismo, e estão diretamente ligados à digestão. Também há outros órgãos indispensáveis ao funcionamento do corpo. Um deles é a **PELE**, o maior órgão do corpo humano, tendo como função principal o revestimento e proteção aos demais órgãos.

A pele regula a temperatura do corpo, além de fazer parte do sistema sensorial, atuando nas diversas sensações do corpo. Também atua para eliminar diversas substâncias do organismo.

Outro bem fantástico que recebemos do Criador ao nascermos é o sistema imunológico, uma proteção natural do nosso organismo. Nosso sistema imunológico é uma das maravilhas do nosso corpo. Ele defende o organismo contra inimigos como vírus, bactérias e outros agressores, e está pronto para reconhecer os invasores. E os glóbulos brancos (macrófagos), juntamente com a célula T, que é uma célula sinalizadora, avisa aos glóbulos brancos que agentes perniciosos invadiram o organismo, aí com ajuda dos anticorpos presentes no sangue, que multiplicam-se em grande número, formando uma barreira de proteção. Outra função importante da célula T é **SABER** qual agente é pernicioso ao organismo ou não.

Então, o sistema imunológico é ou não e uma dádiva do Criador para proteger nosso organismo?

Outro órgão importante para nosso corpo é o CORAÇÃO. Regulado pelo sistema nervoso, é responsável por toda circulação do sangue no organismo, tendo seu ritmo e os batimentos cardíacos também pelo sistema nervoso.

Situado entre os dois pulmões, mostra como são ligados esses órgãos vitais para a vida.

O funcionamento do coração é autônoma, mas poderá sofrer influências externas, como o emocional. Seus batimentos, inclusive, altera seus batimentos cardíacos, as emoções por exemplo.

O equilíbrio de todos os órgãos do corpo e do organismo, em geral, passa pelo sistema glandular, indispensável ao bom funcionamento do organismo humano como um todo.

O corpo possui uma série de glândulas em perfeito equilíbrio com todos seus órgãos, controlando suas funções através dos seus hormônios.

As glândulas usam os sais minerais para realizar o seu trabalho. Só para citar algumas funções que as glândulas realizam no corpo:

A hipófise ou pituitária, alojada na base do crânio, é considerada a glândula mestre do corpo. Ela processa e segrega nove hormônios, precede o crescimento, atua no metabolismo, atua nos órgãos genitais, transformando a menina, preparando-a para a procriação, faz cessar a menstruação quando começa a gravidez. No homem, a produção da testosterona, despertando o apetite sexual, entre outros.

Pineal ou epífise: produz o hormônio melatonina, responsável por nosso relógio biológico, como o sono, por exemplo.

Tireoide: secreta os hormônios tireoidiana e tiroxina, importantes na regulagem do metabolismo do corpo.

Paratireoide: auxilia a tireoide na distribuição do cálcio no crescimento do corpo, e indispensável para os ossos.

Suprarrenal: produz dois hormônios muito importantes para o corpo que são eles:

Adrenalina: considerado um hormônio de defesa, também atua na regulação arterial, controlando a pressão sanguínea quando necessário. Outro hormônio, é a cortina, que neutraliza as toxinas da fadiga muscular.

Pâncreas: produz o hormônio insulina, com a função de promover a combustão do açúcar no sangue.

Baço: importante na formação do sangue, é um depósito de material nutritivo, indispensável ao organismo.

Próstata: definida como glândula, é considerada um órgão misto, que secreta o líquido prostático e o fluido seminal, que auxilia os espermatozoides na corrida rumo ao óvulo, quando lançados.

Como vimos, as glândulas prestam inestimáveis serviços ao nosso organismo, nosso corpo.

Ate hoje, é um mistério profundo até para os estudiosos do assunto, o **cérebro humano,** esse órgão de cerca de um quilo e meio (no adulto), que comanda todas as funções do corpo, e se desenvolve durante o crescimento com seus bilhões de neurônios **(células nervosas**)e incontáveis bilhões de sinapse (conexões) é uma das maravilhas da Criação divina.

As funções mentais do cérebro e sua capacidade cognitiva, intriga a todos, que veem na consciência, um enigma da criação dos seres humanos. Por seu intelecto, sua inteligência e sua capacidade de raciocínio, eleito para ser o soberano no seu reino, o reino animal (*cogito, ergo sum - Penso, logo existo* - **Renê Descartes**).

Tudo isto, faz do cérebro o mais fantástico e complexo órgão biológico no ser humano.

O cérebro consegue reprogramar-se a si próprio, forma pensamentos e sentimentos, e mostrar quem realmente você é, cogitando situações futuras e suas soluções.

Atualmente, muito se tem falado de uma procura por um novo *habitat* para a vida humana no espaço, mas não foi encontrado nenhum corpo celeste que possa abrigar nossa vida orgânica. As condições ideais da Terra permitem a vida como a conhecemos.

Vários fatores contribuem para a vida em nosso planeta:

As energias do sol, calorífica, luminosa, cinético, entre outras. A camada de ozônio (O_3), gás que protege a terra das radiações solar, o fenômeno do efeito estufa, sem o qual a vida orgânica no planeta não existiria.

- Deus, a Origem de Tudo -

Dos três reinos existentes na terra: o mineral, o vegetal e o animal, o reino animal é totalmente dependente dos outros dois **(Ecobiose)**, pois sem água, o reino vegetal, a vida, não teria surgido na Terra.

E disse Deus: *"façamos o homem a nossa imagem, conforme a nossa semelhança; e domine sobre as aves dos céus, e sobre todo réptil que se move sobre a terra" - Gênesis 1.26.*

Biografia do Autor:

José de Oliveira nasceu em 1943, no Município de Itabuna, Bahia. Cursou Direito na Universidade Santa Úrsula, no Rio de Janeiro. Como escritor, lançou vários *e-books* e livros sobre conscientização ambiental, e também nos gêneros policial e místico. Foi secretário de Meio Ambiente e da Agricultura, em Tailândia e Concórdia do Pará, onde também proferiu vários eventos tais como: "Do *Big Bang* ao Corpo Humano, e "Corpo e humano, a Máquina Perfeita", ambas relativas à criação de tudo que nos cerca em nosso dia a dia.

Nota:

A obra *Deus, a Origem de Tudo,* não tem a pretensão de exaurir todos os assuntos aqui tipificados, mas, trazer, conforme a visão do autor, algumas obras realizadas pela Criação.

Ao longo de sua vida, dedicou-se a observar tudo que o cercava em seu dia a dia, as mudanças da natureza com sua perfeição, o surgimento da vida, seja animal, ou vegetal. Em eventos por ele realizados, tais com: "Do *Big Bang* ao Corpo Humano", uma viagem da Criação do universo, até o surgimento do ser humano. "Corpo humano, a Máquina Perfeita", mostra a perfeição do corpo, suas funções autônomas em proveito do organismo como um todo. Se o querido irmão procurar o começo de tudo, encontrará... **Deus**!

CAPA: Inspiração artística do autor. Cores imaginadas pelo autor.

ARTE: Sandra C. Pinheiro

MÃOS: da menina Valentina Pinheiro.

CONTATOS DO AUTOR:

Email: jd.oliveira1943@bol.com.br

Facebook: /josedeoliveira.oliveira.5686

ANOTAÇÕES:

www.ingramcontent.com/pod-product-compliance
Lightning Source LLC
LaVergne TN
LVHW020532160826
845677LV00015B/4011

* 9 7 8 6 5 0 0 5 6 5 8 3 6 *